les sauces diététiques

Anne NOËL
Diététicienne

Photos : S.A.E.P. / J.L. Syren

EDITIONS S.A.E.P.
INGERSHEIM 68000 COLMAR

✕	préparation très simple
✕✕	préparation facile
✕✕✕	préparation élaborée
○	peu coûteuse
○○	raisonnable
○○○	chère

SAUCE QUI VEUT !

Vins et fromages sont fréquemment considérés comme des traits de civilisation. Il en est de même pour les sauces qui sont à la fois les parfums de la gastronomie et bien davantage encore... Les sauces, en effet, sollicitent et associent l'ensemble de nos sens :

- le visuel, en colorant nos plats, les mettant en valeur et participant ainsi largement à l'esthétique de la gastronomie.

- le tactile, par l'onctuosité qu'elles confèrent aux légumes, aux viandes, aux poissons. En mariant le liquide au solide, la douceur à la fermeté...

- l'olfactif, par les arômes fins ou forts, aux nuances souvent subtiles.

- et bien sûr le gustatif, par les saveurs alléchantes, suaves ou épicées, aux alliances souvent délicates, parfois surprenantes mais toujours délectables.

- l'auditif, lui, relevant des exclamations surprises et ravies des convives...

Il ne restait plus qu'un dernier problème à résoudre : "Comment allier sauces, gastronomie et diététique ?" C'est à cette question centrée autour de la relation PLAISIR-DESIR-SANTE que cet ouvrage s'empresse de répondre...

Et vous découvrirez, au fil des pages de ce livre, les nombreuses recettes de sauces allégées, simples ou élaborées, mais toujours sources de plaisir.

JEAN SEYLLER

Sauce aux anchois

Prép. : 5 mn.
4 pers. - 25 Kcal./pers.

1 yaourt nature / 4 filets d'anchois au sel / Paprika / Sel / Poivre.

Bien nettoyer les filets d'anchois à l'eau courante afin d'éliminer le sel.
Mixer tous les ingrédients. Saupoudrer de paprika.

Utilisations

Poissons, viandes froides, œufs durs.

Mayonnaise à l'avocat

Prép. : 15 mn.
6 pers. - 45 Kcal./pers.

1/2 avocat bien mûr / 150 g. de fromage blanc à 0 % de matières grasses / 1 yaourt nature / 1 jaune d'œuf / 1 cuil. à entremets de moutarde / Sel / Poivre / Persil haché.

Réduire la chair de l'avocat en purée et mélanger avec le jaune d'œuf et la moutarde. Battre le yaourt et le fromage blanc. Mélanger les deux préparations. Assaisonner. Saupoudrer de persil avant de servir.

Utilisations

Poissons, crustacés, crudités.

Sauce aux câpres

Prép. : 10 mn.
4 pers. - 32 Kcal./pers.

150 g. de fromage blanc maigre / 40 g. de câpres / 2 petits cornichons / 2 cuil. à soupe de ketchup / Sel / Poivre.

Hacher finement câpres et cornichons.
Mélanger tous les ingrédients. La sauce est prête.

Utilisations

Poissons froids.

Sauce citron

Prép. : 5 mn.
4 pers. - 18 Kcal./pers.

Le jus d'1 citron / 2 cuil. à soupe d'eau / 1 cuil. à soupe de crème allégée / Sel / Poivre.

Mélanger tous les ingrédients.

Utilisations

Crudités, légumes cuits en salade.

Sauce citron au crabe

Prép. : 10 mn.
4 pers. - 40 Kcal./pers.

125 g. de chair de crabe / 1 yaourt nature maigre / Le jus d'1 citron / Sel / Poivre / 1 cuil. à café de moutarde / 1 cuil. à soupe de crème.

Egoutter et émietter le crabe. Le mixer. Ajouter le yaourt battu, le jus de citron et la moutarde.
Assaisonner et bien remuer de façon à obtenir une sauce homogène.
Servir bien frais.

Utilisations

Crudités, poissons froids.

Dips de chou-fleur

Prép. : 10 mn. Cuiss. : 20 mn.
5 pers. - 37 Kcal./pers.

300 g. de chou-fleur / Sel / Poivre / Muscade / 1 jaune d'œuf / 100 g. de crème fraîche allégée / Persil haché.

Cuire les bouquets de chou-fleur 15 à 20 minutes à la vapeur. Laisser tiédir. Mixer.

Assaisonner puis incorporer l'œuf battu et la crème fraîche. Saupoudrer de persil.

Utilisations

Crudités.

Sauce crème au carvi

Repos : 1 h. - Prép. : 5 mn.
4 pers. - 35 Kcal./pers.

4 cuil. à soupe de crème fraîche allégée / Le jus d'1 citron / 2 cuil. à soupe d'eau / Sel / Poivre / 1 cuil. à café de moutarde / 1 cuil. à soupe de sucre / Grains de carvi.

Bien mélanger tous les ingrédients et verser sur votre préparation. Remuer et mettre le tout 1 heure au réfrigérateur.

Utilisations

Salades, crudités.

Sauce crème 10 %

Prép. : 5 mn.
4 pers. - 30 Kcal./pers.

2 cuil. à soupe de crème / 4 cuil. à soupe de lait écrémé liquide / 1/2 verre d'eau / 1 cuil. à café de moutarde / Ciboulette hachée / Sel / Poivre.

Mélanger tous les ingrédients.

Utilisations

Crudités, légumes cuits.

Sauce à l'échalote

Prép. : 10 mn. Cuiss. : 10 mn.
4 pers. - 30 Kcal./pers.

4 échalotes / 1 verre de bouillon de légumes / 1 jaune d'œuf / 1 petit-suisse à 30 % de matières grasses / 1 cuil. à soupe de vinaigre / 1 cuil. à café de moutarde forte / Sel / Poivre / Persil haché.

Dans une casserole, faire cuire les échalotes finement hachées avec le bouillon de légumes pendant 10 minutes environ. Laisser tiédir.

Pendant ce temps, dans un bol, mélanger le vinaigre, la moutarde, le jaune d'œuf, le petit-suisse, le sel, le poivre et le persil.

Verser peu à peu en remuant le mélange échalotes-bouillon sur la préparation. La sauce est prête.

Utilisations

Salades vertes, crudités (tout particulièrement les choux en salade), salades de viande ou de poisson.

Sauce aux herbes

Prép. : 5 mn.
4 pers. - 25 Kcal./pers.

1 yaourt nature / 1 cuil. à soupe de crème allégée / 1 cuil. à soupe de vinaigre / 1 cuil. à soupe de persil haché / 1 cuil. à soupe de cerfeuil haché / 1 cuil. à soupe de ciboulette hachée / Sel / Poivre.

Mélanger tous les ingrédients.

Utilisations

Crudités.

Sauce au fromage blanc rose

Prép. : 10 mn. Cuiss. : 3 mn.
4 pers. - 28 Kcal./pers.

150 g. de fromage blanc maigre / 1 oignon / 2 tomates / 1 cuil. à café de curry / 2 cuil. à soupe de vinaigre.

Emonder les tomates. Passer rapidement les tomates et le fromage blanc au mixer. Peler et hacher finement l'oignon.

Mélanger tous les ingrédients.

Votre sauce est prête.

Utilisations

Crudités.

Sauce au fromage frais

Prép. : 10 mn.
4 pers. - 45 Kcal./pers.

3 petits carrés de fromage frais / 2 cuil. à café de moutarde / 1 cuil. à café d'estragon haché / 2 cuil. à soupe de crème allégée / Sel / Poivre / 2 cuil. à soupe de yaourt battu.

Bien mélanger les fromages frais avec la moutarde et l'estragon en écrasant le tout à la fourchette de façon à obtenir une pommade homogène. Saler et poivrer. Incorporer peu à peu la crème et le yaourt battus.

La sauce est prête.

Utilisations

Crudités, fondues de viandes.

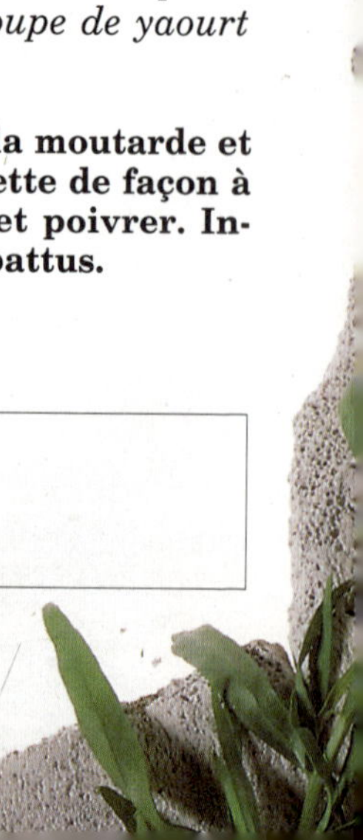

Mousseline au fromage blanc

Prép. : 10 mn. Cuiss. : 10 mn.
6 pers. - 50 Kcal./pers.

3 échalotes / 1 cuil. à soupe de vinaigre / 2 œufs + 1 blanc / Sel / Poivre / Estragon / 200 g. de fromage blanc.

Hacher finement les échalotes. Les cuire avec le vinaigre. Assaisonner. Dès que tout le liquide est évaporé, retirer du feu et laisser tiédir. Ajouter un à un 2 jaunes d'œufs puis petit à petit le fromage blanc. Incorporer délicatement 3 blancs d'œufs en neige et l'estragon haché.

Utilisations

Salades de viandes, poissons, viandes froides, fondues.

Sauce au bleu

Prép. : 20 mn.
5 pers. - 80 Kcal./pers.

200 g. de fromage blanc à 0 % de matières grasses / 60 g. de bleu d'Auvergne / 1 jaune d'œuf dur / 1 cuil. à café de vinaigre / 1 cuil. à café de moutarde / Sel / Poivre / Persil.

Battre le fromage blanc de façon à obtenir une pâte lisse et onctueuse.

Dans un bol, écraser à la fourchette, le jaune d'œuf et le bleu. Dès que le mélange a une consistance de pommade, incorporer peu à peu le vinaigre, la moutarde et le fromage blanc.

Assaisonner. Saupoudrer de persil haché.

Utilisations

Fondues de viande, viandes froides, grillades, poissons froids ou poissons pochés.

Sauce au chèvre

Prép. : 10 mn.
4 pers. - 40 Kcal./pers.

1 yaourt nature / 30 g. de chèvre frais / Sel / Poivre / Persil / 1 pincée de piment en poudre.

Ecraser le chèvre à la fourchette. Incorporer peu à peu le yaourt battu de façon à obtenir une préparation homogène. Assaisonner et saupoudrer de persil haché.

Utilisations

Crudités.

Sauce au roquefort

Prép. : 10 mn.
6 pers. - 55 Kcal./pers.

50 g. de roquefort / 3 cuil. à soupe de crème fraîche allégée / 1 cuil. à soupe de vinaigre / Poivre / Sel / 1/2 yaourt nature / Quelques gouttes de tabasco.

Ecraser le roquefort à l'aide d'une fourchette. Incorporer la crème fraîche, le vinaigre et assaisonner. Puis ajouter peu à peu le yaourt en fouettant.

Utilisations

Crudités, viandes, fondues.

Sauce moutarde

Prép. : 5 mn.
4 pers. - 25 Kcal./pers.

1 cuil. à soupe de moutarde / 1 jaune d'œuf cru / 8 cuil. à soupe de lait demi-écrémé / Le jus d'1/2 citron / Sel, poivre.

Mélanger tous les ingrédients dans un bol.
Les battre au fouet afin d'obtenir une sauce mousseuse.

Utilisations

Crudités, salades de viande ou de poisson, légumes cuits en salade.

Sauce piquante aux petits légumes

Repos : 30 mn. - Prép. : 15 mn.
4 pers. - 40 Kcal./pers.

150 g. de fromage blanc maigre / 1 yaourt nature / 1/2 poivron rouge / 1/2 poivron jaune / 3 cuil. à soupe de concombre / 1 cuil. à café de moutarde / Sel / Poivre / Tabasco selon goût.

Dans une jatte, battre au fouet le fromage blanc avec le yaourt jusqu'à obtention d'un mélange onctueux.
Ajouter les légumes hachés fin, la moutarde, le sel, le poivre et le tabasco. Bien remuer.
Mettre au réfrigérateur 30 minutes avant de servir. Goûter et rectifier l'assaisonnement si nécessaire.

Utilisations

Crudités, grillades.

Sauce aux huîtres

Prép. : 5 mn.
4 pers. - 20 Kcal./pers.

6 huîtres / 1 cuil. à soupe de vinaigre de framboise / 1 échalote hachée / Poivre moulu / Coriandre moulue / Le jus d'1 citron vert / Estragon.

Ouvrir les huîtres. Les réserver. Mixer le jus avec tous les ingrédients sauf l'estragon.

Saupoudrer d'estragon haché. Napper les huîtres tièdes avec cette sauce.

Utilisations

Huîtres.

Sauce aux oignons

Prép. : 10 mn. Cuiss. : 5 mn.
4 pers. - 45 Kcal./pers.

4 gousses d'ail / 1 oignon doux / 1 citron / Sel / Poivre / Persil, cerfeuil et estragon hachés / 1 cuil. à soupe d'huile de tournesol.

Cuire les gousses d'ail non pelées dans un peu d'eau pendant 5 minutes environ. Les laisser tiédir puis les peler. Piler l'ail. Peler l'oignon et le passer rapidement au mixer.

Mélanger les 2 purées de façon à obtenir une pâte homogène. Incorporer le jus de citron, les fines herbes et l'huile. Assaisonner.

La sauce est prête.

Utilisations

Crudités, grillades, poissons pochés.

Sambal à l'oignon

Repos : 1 h. - Prép. : 5 mn.
4 pers. - 15 Kcal./pers.

1 oignon / 4 cuil. à soupe de jus de citron / 1/2 cuil. à café de paprika / Sel.

Verser le jus de citron sur l'oignon haché finement. Laisser reposer 1 heure environ au réfrigérateur.

Ajouter le paprika et le sel. Bien mélanger.

Utilisations

Crudités, curry d'agneau, brochettes.

Sauce froide à l'orange

Prép. : 10 mn. Cuiss. : 3 mn.
4 pers. - 25 Kcal./pers.

Le jus d'1 orange / 1 cuil. à entremets de maïzena / 1/2 verre d'eau / Sel / Poivre / Persil.

Délayer la maïzena avec l'eau. Faire épaissir à feu doux. Assaisonner et incorporer le jus d'orange. Saupoudrer de persil haché. Laisser refroidir.

Utilisations

Crudités, salades.

Sauce pamplemousse

Prép. : 10 mn.
4 pers. - 20 Kcal./pers.

1/2 pamplemousse / 1/2 yaourt nature / 2 cuil. à soupe d'eau / Sel / Poivre.

Battre le yaourt nature. Saler, poivrer. Incorporer le jus du pamplemousse et l'eau. Servir très frais.

Utilisations

Crudités, salades vertes.

Sauce raifort

Prép. : 5 mn.
6 pers. - 27 Kcal./pers.

100 g. de fromage blanc maigre / 1 yaourt nature / 1 jaune d'œuf / 1 cuil. à café de moutarde / 1 cuil. à soupe de raifort / Sel / Persil et cerfeuil hachés.

Mélanger le yaourt et le fromage blanc. Battre jusqu'à obtention d'un mélange onctueux.
Dans un bol, battre le jaune d'œuf en omelette. Incorporer la moutarde puis le raifort. Assaisonner.
Mélanger le tout et rectifier l'assaisonnement si nécessaire. Saupoudrer de persil et de cerfeuil.

Utilisations

Crudités, viandes et poissons frais.

Sauce au soja

Prép. : 5 mn.
4 pers. - 55 Kcal./pers.

1 jaune d'œuf / 2 cuil. à soupe de sauce soja / 2 cuil. à soupe de vinaigre / 1 cuil. à soupe d'eau / 1 cuil. à soupe d'huile / Poivre.

Battre le jaune d'œuf en omelette puis mélanger tous les ingrédients.

Utilisations

Crudités, salades de viandes, salades de poissons.

Sauce au tamari

Prép. : 5 mn.
4 pers. - 42 Kcal./pers.

2 cuil. à soupe de vinaigre / 2 pincées de sucre / 1 cuil. à soupe d'huile d'olive / 1 cuil. à soupe d'eau / 1 échalote / Sel / Poivre / 1 cuil. à soupe de tamari.

Dans un récipient, mélanger le sucre, le sel et le vinaigre de façon à ce que tous les ingrédients soient bien dissous.

Ajouter l'huile d'olive, l'eau, l'échalote hachée, le tamari. Remuer et assaisonner.

Utilisations

Crudités, salades de poissons ou d'œufs.

Coulis de tomates fraîches

Prép. : 10 mn. Cuiss. : 10 mn.
4 pers. - 25 Kcal./pers.

8 tomates / 1 échalote / Sel / Poivre.

Dans une casserole, cuire l'échalote hachée et les tomates émondées et épépinées pendant 10 minutes. Laisser tiédir et mixer.

On peut assaisonner le coulis de tomate de différentes façons : menthe, basilic, ciboulette, estragon.

Utilisations

Entrées froides, notamment les terrines de poisson.

Chutney aux tomates et à la menthe

Repos : 2 h. - Prép. : 20 mn.
4 pers. 45 Kcal./pers.

2 oignons / 8 tomates mûres / 1 citron / 1 cuil. à soupe de sucre / Gingembre / Sel / Quelques gouttes de tabasco / Quelques feuilles de menthe.

Emonder les tomates puis les épépiner. Eplucher et hacher finement les oignons.

Dans un saladier, mettre les oignons hachés, les tomates concassées, le sucre, le gingembre râpé, le tabasco, le jus de citron et la menthe hachée. Bien mélanger.

Mettre au réfrigérateur pendant 2 heures environ avant de servir.

Utilisations

Viandes, poissons, œufs.

Sauce yaourt à la menthe

Repos : 1 h. - Prép. : 5 mn.
4 pers. - 30 Kcal./pers.

1 yaourt nature / 1 jaune d'œuf / Sel / Poivre / Quelques feuilles de menthe fraîche.

Dans un bol, battre le jaune d'œuf et le yaourt nature de façon à obtenir un mélange très lisse.

Assaisonner et saupoudrer de menthe fraîche hachée. Mélanger et mettre 1 heure au réfrigérateur.

Utilisations

Crudités (notamment concombres, tomates), viandes froides, poissons, salades, fondues.

Sauce yaourt citronnée

Prép. : 5 mn.
4 pers. - 40 Kcal./pers.

1 cuil. à soupe de vinaigre / 1 cuil. à soupe d'huile de tournesol / 1/2 yaourt nature / Le jus d'1/2 citron / Sel / Poivre / Persil haché.

Mélanger tous les ingrédients et servir frais.

Utilisations

Assiettes de crudités, salades de viandes ou de poissons, salade verte.

Sauce yaourt piquante

Repos : 1 h. - Prép. : 10 mn.
6 pers. - 25 Kcal./pers.

2 yaourts nature / 3 échalotes / Sel / Poivre / Piment doux en poudre / Piment vert haché / 50 g. de concombre.

Battre les yaourts nature. Ajouter le concombre râpé fin, les échalotes hachées finement et le piment. Assaisonner.

Couvrir et mettre au réfrigérateur pendant 1 heure. Avant de servir, saupoudrer la sauce de piment doux.

Utilisations

Crudités, salades, viandes froides, poissons pochés.

Sauce vinaigrette

Prép. : 5 mn.
4 pers. - 32 Kcal./pers.

1 cuil. à soupe d'huile de maïs / 2 cuil. à soupe de vinaigre / 1 cuil. à soupe d'eau / Sel / Poivre / Persil et estragon hachés.

Dans un bol, mélanger le sel, le vinaigre et l'eau. Ajouter peu à peu l'huile puis les herbes.

Selon l'utilisation, ajouter de l'ail pilé, de l'oignon haché ou de la moutarde.

Utilisations

Salades vertes, crudités, salades de viandes, salades de poissons.

Vinaigrette allégée

Prép. : 5 mn.
4 pers. - 35 Kcal./pers.

1 cuil. à soupe d'huile de maïs / 1 cuil. à café de moutarde / 1 cuil. à soupe de jus de citron / 1 cuil. à soupe de vinaigre / Sel / Poivre.

Mélanger tous les ingrédients.

Utilisations

Salades, crudités.

Vinaigrette minceur

Prép. : 5 mn.
6 pers. - 25 Kcal./pers.

1 cuil. à soupe d'huile de tournesol / 1 cuil. à soupe de vinaigre de vin / 2 cuil. à soupe de lait écrémé liquide / 2 cuil. à soupe d'eau / Sel / Poivre / Cerfeuil.

Mélanger tous les ingrédients.

Utilisations

Salades vertes, concombres, tomates, radis.

Sauce aïoli allégée

Prép. : 15 mn.
6 pers. - 52 Kcal./pers.

1 tête d'ail / 1 cuil. à café de paprika doux / Sel / 1 jaune d'œuf / 1 citron / 1 yaourt nature / 1 cuil. à soupe d'huile de tournesol.

Peler et écraser l'ail dans un mortier. Réduire en pommade.
Ajouter le paprika, le sel et le jaune d'œuf sans cesser de remuer comme pour une mayonnaise. Verser peu à peu l'huile et le jus de citron alternativement, puis incorporer le yaourt.

Utilisations

Poissons pochés, pot-au-feu, viandes grillées.

Sauce béarnaise allégée

Prép. : 10 mn. Cuiss. : 20 mn.
8 pers. - 40 Kcal./pers.

3 jaunes d'œufs / 5 échalotes / 1/2 verre de vin blanc sec / 2 cuil. à soupe de vinaigre / 200 g. de fromage blanc / Sel / Poivre / Estragon.

Faire réduire les échalotes avec le vin blanc et le vinaigre. Hors du feu, ajouter les jaunes d'œufs. Placer ensuite la casserole au bain-marie et faire prendre les jaunes d'œufs sans cesser de remuer. Dès qu'ils durcissent, retirer du feu.
Assaisonner et incorporer l'estragon haché.
Laisser tiédir et ajouter peu à peu le fromage blanc.

Cette sauce se sert tiède ou froide.

Utilisations

Viandes grillées, poissons, fondue chinoise.

Sauce bulgare

Prép. : 5 mn.
5 pers. - 45 Kcal./pers.

Le jus d'1 citron / 1 yaourt bulgare / 1 cuil. à soupe d'huile d'olive / 1 cuil. à café de moutarde en grains / Sel / Poivre / Persil haché.

Mélanger tous les ingrédients et servir bien frais.

Utilisations

Crudités, légumes cuits en salade.

Sauce californienne

Prép. : 10 mn.
6 pers. - 40 Kcal./pers.

200 g. de fromage blanc maigre / 1/2 avocat / 1 oignon doux / Le jus d'1 citron / Aneth haché / Sel / Poivre.

Passer la chair de l'avocat à la moulinette. Peler et hacher finement l'oignon. Battre le fromage blanc jusqu'à ce qu'il soit bien homogène.

Mélanger tous les ingrédients et saupoudrer d'aneth.

Utilisations

Crudités, grillades.

Sauce cocktail

Prép. : 15 mn.
5 pers. - 45 Kcal./pers.

150 g. de fromage blanc / 2 cuil. à soupe de crème fraîche allégée / 1 cuil. à soupe de jus de citron / Sel / Poivre / 1 cuil. à soupe de moutarde / 1 jaune d'œuf / 1 cuil. à entremets de cognac / 2 cuil. à soupe de ketchup.

Dans un bol, mélanger le jaune d'œuf avec la moutarde. Ajouter peu à peu le fromage blanc puis la crème fraîche, en procédant comme pour une mayonnaise.

Assaisonner puis incorporer le jus de citron, le cognac et le ketchup.

Utilisations

Avocats, cocktails de crevettes, fondues, assiettes de crudités.

Sauce créole

Prép. : 20 mn. Cuiss. : 10 mn.
4 pers. - 40 Kcal./pers.

3 tomates bien mûres / 1 petit poivron vert épépiné / 1 oignon doux / 1/2 papaye épépinée / 1 citron vert / 4 gousses d'ail / 1 pincée de safran / Sel / Poivre / 1 petit piment épépiné.

Hacher finement tous les ingrédients épluchés.

Presser le citron. Piler l'ail dans un mortier avec le poivron, les tomates, le piment et la papaye. Mettre le tout dans une casserole avec l'oignon haché et le citron vert. Bien mélanger et cuire à feu doux 5 à 10 minutes. Laisser tiédir et mixer. Assaisonner.

Utilisations

Brochettes, poissons, crustacés, viandes blanches.

Sauce ravigote

Prép. : 10 mn.
4 pers. - 40 Kcal./pers.

1 cuil. à soupe d'huile de tournesol / 1 cuil. à soupe de moutarde forte / Ciboulette et persil hachés / Le jus d'1 citron / 1 œuf dur / 3 échalotes / Sel / Poivre.

Peler et hacher les échalotes.

Dans un bol, écraser l'œuf à la fourchette. Ajouter la moutarde, le jus de citron. Assaisonner et bien mélanger.

Verser peu à peu l'huile puis ajouter les herbes et les échalotes. Mélanger et servir bien froid.

Utilisations

Viandes froides, salades de poissons, salades d'œufs, viandes grillées.

Sauce tartare

Prép. : 15 mn.
4 pers. - 48 Kcal./pers.

150 g. de fromage blanc à 0 % de matières grasses / 2 jaunes d'œufs durs / 1 cuil. à café de moutarde forte / Sel / Poivre / Estragon / Persil / Ciboulette / Cerfeuil / 1 échalote.

Peler et hacher finement l'échalote.
Ecraser les jaunes d'œufs à la fourchette.
Incorporer peu à peu le fromage blanc et remuer jusqu'à obtention d'une préparation homogène.
Assaisonner et ajouter les fines herbes hachées.

Sauce vietnamienne

Prép. : 20 mn.
4 pers. - 15 Kcal./pers.

1 poivron rouge / 3 gousses d'ail / 1 cuil. à café de sucre / 1 citron / 1 cuil. à soupe de vinaigre / 1 cuil. à soupe d'eau.

Couper le poivron dans le sens de la longueur. Retirer les graines et les parties blanches. Piler le poivron dans un mortier jusqu'à obtention d'une purée. Ajouter le sucre.

Peler le citron, ôter les parties blanches puis l'épépiner. Ajouter peu à peu le citron coupé en rondelles au poivron. Ecraser le tout afin d'obtenir une purée homogène.

Ajouter le vinaigre, l'eau et l'ail pilé. La sauce est prête.

Utilisations

Fondue bourguignonne, fondue chinoise, œufs durs en salade, viandes froides, poissons froids ou chauds, salades de concombres.

Crème d'ail

Prép. : 20 mn. Cuiss. : 40 mn.
6 pers. - 54 Kcal./pers.

2 têtes d'ail / 4 cuil. à soupe de crème fraîche allégée / 1 verre de vin blanc / 1 verre de bouillon / Sel / Poivre / Herbes de Provence.

Faire dorer légèrement à la poêle les gousses d'ail non pelées, puis déglacer avec le vin blanc et le bouillon. Cuire à feu doux 30 à 35 minutes. Retirer les gousses d'ail. Assaisonner.

Peler l'ail tiédi et passer le tout au mixer de façon à obtenir une purée. Incorporer la crème fraîche et chauffer quelques instants. Retirer du feu dès les premiers bouillons. La sauce est prête.

Utilisations

Viandes grillées.

Sauce au basilic

Prép. : 10 mn. Cuiss. : 30 mn.
4 pers. - 50 Kcal./pers.

1 oignon / 4 gousses d'ail / 2 feuilles de laurier / 6 feuilles de basilic / Persil / Sel / Poivre / 1 kg. de tomates.

Laver les tomates puis les couper en quartiers. Les cuire avec l'oignon émincé. Saler et poivrer. Ajouter les feuilles de laurier et le persil. Cuire sur feu vif pendant 10 minutes. Couvrir et laisser mijoter 15 minutes.

Hacher le basilic et piler l'ail. Les mélanger.

Passer la sauce tomate au presse-purée afin d'éliminer les peaux et les pépins. Remettre quelques instants sur feu vif en ajoutant la préparation ail-basilic.

Utilisations

Pâtes, riz, légumes, viandes grillées.

Sauce aux câpres

Prép. : 10 mn. Cuiss. : 10 mn.
4 pers. - 45 Kcal./pers.

1/4 l. de lait écrémé / 1 cuil. à soupe de farine / 1 cuil. à café de moutarde / Sel / Poivre / 2 cuil. à soupe de câpres / Ciboulette.

Délayer la farine dans un peu de lait froid. Mettre à cuire avec le reste de lait sur feu doux. Dès que la sauce épaissit, ajouter la moutarde, les câpres et assaisonner. Cuire encore quelques instants.

Saupoudrer de ciboulette hachée avant de servir.

Utilisations

Abats, poissons au court-bouillon, œufs.

Sauce aux champignons

Prép. : 15 mn. Cuiss. : 20 mn.
4 pers. - 36 Kcal./pers.

125 g. de champignons de Paris / 1 cuil. à café de farine / 1 cuil. à café de maïzena / 2 cuil. à soupe de crème fraîche allégée / Sel / Poivre / Noix de muscade râpée.

Dans une casserole, cuire les champignons nettoyés et émincés avec 1 verre d'eau. Dès qu'ils sont cuits, ajouter la farine et la maïzena délayées dans un peu d'eau. Porter à ébullition sans cesser de remuer.

Assaisonner. Cuire encore quelques minutes. Ajouter la crème fraîche au moment de servir.

Utilisations

Légumes cuits, pâtes, riz, poissons, œufs.

Sauce au cidre ✗✗ ○○

Prép. : 15 mn. Cuiss. : 35 mn.
5 pers. - 50 Kcal./pers.

2 carottes / 100 g. de champignons de Paris / 1 oignon / 2 verres de cidre brut / 2 cuil. à soupe de jus de citron / Sel / Poivre / 1 cuil. à soupe de farine.

Peler et couper les carottes en rondelles. Emincer les champignons nettoyés. Peler et hacher l'oignon.

Cuire à feu doux les carottes et l'oignon avec le cidre pendant 30 minutes. Retirer du feu et mixer. Assaisonner et ajouter le jus de citron. Délayer à froid la farine dans un peu d'eau. L'incorporer à la sauce avec les champignons préalablement étuvés.

Remettre sur le feu 5 minutes en remuant.

Utilisations

Légumes cuits à la vapeur, viandes grillées.

Sauce au cognac

Prép. : 10 mn. Cuiss. : 20 mn.
4 pers. - 55 Kcal./pers.

1 oignon / 4 tomates / 3 cuil. à soupe de cognac / 4 cuil. à soupe de crème fraîche allégée / Sel / Piment de Cayenne / Persil / Ciboulette.

Dans une casserole, faire cuire l'oignon haché fin avec un peu d'eau. Dès qu'il devient transparent, ajouter les tomates émondées et épépinées. Cuire à feu doux 10 minutes.

Assaisonner. Verser le cognac. Cuire 5 minutes.

Avant de servir, incorporer la crème fraîche et les fines herbes hachées. La sauce est prête.

Utilisations

Poissons, crustacés.

Coulis de courgettes

Prép. : 10 mn. Cuiss. : 20 mn.
4 pers. - 35 Kcal./pers.

500 g. de courgettes / 1 cuil. à soupe de crème fraîche / Estragon et persil hachés / Quelques gouttes de tabasco / Sel / Poivre.

Laver, éplucher et couper les courgettes en tronçons. Cuire 15 à 20 minutes à la vapeur. Laisser tiédir. Ajouter la crème et mixer. Assaisonner. Incorporer les herbes et le tabasco.

Servir dans une saucière.

Utilisations

Poissons pochés, terrines de poissons ou de légumes.

Sauce crustacés

Prép. : 5 mn. Cuiss. : 10 mn.
5 pers. - 50 Kcal./pers.

1 verre de vin blanc / 4 cuil. à soupe de crème fraîche allégée / 1 cuil. à soupe de concentré de tomate / Le jus d'1 citron / 50 g. de chair de crustacés / Sel / Poivre / Persil et cerfeuil hachés.

Mixer tous les ingrédients. Mettre sur feu doux. Cuire 5 à 10 minutes. Rectifier l'assaisonnement si nécessaire. Saupoudrer de cerfeuil et de persil.

Utilisations

Crustacés.

Sauce au curry

Macération : 2 h. - Prép. : 10 mn. Cuiss. : 30 mn.
6 pers. - 45 Kcal./pers.

100 g. de noix de coco râpée / 400 ml. d'eau / 2 oignons / 4 gousses d'ail / Coriandre, cumin et gingembre moulus / 2 cuil. à café de curry / 1 cuil. à soupe d'huile / Sel.

Laisser macérer 2 heures la noix de coco dans l'eau. Filtrer en pressant la pulpe pour en extraire tout le jus. On obtient ainsi le lait de coco.

Chauffer l'huile et dorer les oignons émincés. Ajouter les épices et l'ail pilé. Continuer à faire revenir pendant quelques minutes.

Mouiller avec 3 à 4 cuillerées à soupe d'eau. Porter à ébullition et verser le lait de coco. Laisser mijoter 15 minutes à couvert et 10 minutes sans couvercle en remuant de temps en temps.

Utilisations

Boulettes de viande, poissons pochés, œufs.

Sauce crème à l'estragon

Prép. : 10 mn. Cuiss. : 20 mn.
6 pers. - 50 Kcal./pers.

4 échalotes / 5 cl. de vinaigre / 1 dl. de vin blanc / 2 jaunes d'œufs / 4 cuil. à soupe de crème fraîche allégée / Sel / Poivre / 1 branche d'estragon frais.

Peler et hacher les échalotes. Les faire suer quelques instants dans une casserole. Ajouter le vinaigre et le vin blanc. Cuire à feu vif et faire réduire de moitié.

Hors du feu, incorporer délicatement les jaunes d'œufs dans la préparation tiédie. Ajouter la crème fraîche. Assaisonner. Bien remuer pour que la sauce reste homogène. Si nécessaire, réchauffer la sauce sur feu doux, mais sans la faire bouillir.

Quelques instants avant de servir, incorporer l'estragon haché.

Utilisations

Viandes blanches, poissons.

Sauce au fromage

Prép. : 5 mn. Cuiss. : 10 mn.
4 pers. - 35 Kcal./pers.

50 g. de fromage fondu à 25 % de matières grasses / 100 g. de fromage blanc / 1 gousse d'ail / 1 cuil. à café de ciboulette hachée / Sel / Poivre.

Faire fondre le fromage à tartiner au bain-marie puis incorporer, hors du feu, tous les ingrédients.

Servir.

Utilisations

Pommes vapeur, légumes cuits à l'eau ou à la vapeur.

Sauce au gingembre

Prép. : 10 mn. Cuiss. : 20 mn.
4 pers. - 28 Kcal./pers.

1 verre de vin blanc / 3 échalotes / 2 cuil. à soupe de sauce soja / 1 cuil. à café de poivre blanc / 2 cuil. à soupe de coulis de tomate / 1 cuil. à soupe de sucre en poudre / 1 cuil. à café de gingembre frais râpé.

Peler et hacher les échalotes. Dans une casserole, mettre le vin blanc et les échalotes. Laisser réduire de moitié.

Ajouter le coulis de tomate et les épices. Cuire à feu doux 10 minutes.

Hors du feu, incorporer la sauce soja et rectifier l'assaisonnement si nécessaire.

Utilisations

Viandes grillées, terrines chaudes de viandes.

Sauce moutarde n° 1

XX O

Prép. : 10 mn. Cuiss. : 15 mn.
5 pers. - 40 Kcal./pers.

150 g. de fromage blanc / 2 jaunes d'œufs / Le jus d'1 citron / 1 cuil. à soupe de moutarde / 2 gousses d'ail / Sel / Poivre.

Bien battre les jaunes d'œufs avec le jus de citron.

Mettre au bain-marie sans cesser de remuer, en incorporant l'ail pilé, le sel, le poivre et la moutarde. Dès que les œufs commencent à prendre, retirer du feu et incorporer peu à peu le fromage blanc.

Remettre au bain-marie pour chauffer la sauce.

Utilisations

Viandes grillées, poissons pochés, abats, œufs durs ou pochés.

Sauce moutarde n° 2

XX O

Prép. : 15 mn. Cuiss. : 10 mn.
6 pers. - 40 Kcal./pers.

200 g. de fromage blanc à 0 % de matières grasses / 2 jaunes d'œufs / 1 cuil. à soupe de moutarde forte / 1 cuil. à soupe d'eau / Le jus d'1 citron / Sel / Poivre.

Battre les jaunes d'œufs, le citron et l'eau de façon à obtenir un mélange homogène. Mettre au bain-marie sans cesser de remuer. Assaisonner et ajouter la moutarde.

Dès que les jaunes d'œufs commencent à prendre, retirer du feu et laisser tiédir.

Ajouter peu à peu le fromage blanc.

Remettre au bain-marie pour chauffer la sauce.

Ne pas faire bouillir la sauce, elle se séparerait.

Utilisations

Viandes grillées, pot-au-feu, poissons au court-bouillon, abats, œufs durs.

Sauce aux oignons

Prép. : 15 mn. Cuiss. : 20 mn.
4 pers. - 46 Kcal./pers.

300 g. d'oignons / 2 verres de bouillon / 2 tomates / Sel / Poivre.

Eplucher et émincer les oignons. Peler, laver et épépiner les tomates puis les couper en quartiers. Cuire à feu doux tous les ingrédients pendant 20 minutes environ.

Utilisations

Oeufs pochés, grillades.

Sauce au paprika

Prép. : 10 mn. Cuiss. : 20 à 25 mn.
5 pers. - 80 Kcal./pers.

2 oignons / 2 dl. de vin blanc sec / 15 g. de margarine au tournesol / 1 dl. de crème fraîche allégée / 1 cuil. à café de paprika / Sel.

Faire chauffer doucement la margarine dans une casserole. Ajouter les oignons hachés et laisser mijoter. Les oignons deviennent transparents dès qu'ils sont cuits. Verser le vin blanc, le paprika et le sel.

Porter à ébullition. Faire réduire de moitié.

Hors du feu, incorporer la crème et rectifier l'assaisonnement si nécessaire.

Utilisations

Viandes rouges, poissons cuits au court-bouillon.

Coulis de poireaux

Prép. : 10 mn. Cuiss. : 30 mn.
4 pers. - 45 Kcal./pers.

400 g. de poireaux / Sel / Poivre / 3 cuil. à soupe de crème allégée.

Bien nettoyer les poireaux en éliminant les parties très vertes. Les couper en tranches. Cuire 30 minutes à la vapeur. Laisser tiédir et mixer avec la crème fraîche.

Assaisonner.

Si nécessaire, diluer le coulis avec un peu de bouillon de légumes reconstitué.

Utilisations

Poissons pochés, terrines de poisson.

Sauce au poisson

Prép. : 10 mn. Cuiss. : 25 mn.
6 pers. - 35 Kcal./pers.

1/3 l. de vin blanc / 4 échalotes / 1 jaune d'œuf / 50 g. de filet de poisson ou de déchets / Sel / Poivre.

Peler et hacher les échalotes. Réduire le vin blanc et les échalotes de moitié (cette technique permet de faire perdre au vin blanc son acidité). Laisser tiédir puis passer le tout au mixer. Ajouter le jaune d'œuf préalablement battu. Filtrer au chinois et réserver au chaud.

Cette sauce ne doit plus bouillir. Utiliser le bain-marie pour la maintenir au chaud.

Utilisations

Poissons.

Sauce au poivre vert

Prép. : 10 mn. Cuiss. : 25 mn.
4 pers. - 60 Kcal./pers.

1 verre de bouillon / 5 échalotes / 1 verre de vin blanc / 20 g. d'huile / 1 petite courgette / 1/2 poivron vert pelé / 100 g. de fromage blanc à 0 % / 20 g. de poivre vert / Sel.

Laver et couper la courgette en julienne. La faire sauter dans une poêle avec la cuillerée d'huile (le légume doit rester croquant). Faire réduire les échalotes et le vin blanc. Ajouter le bouillon et le poivron coupé en lamelles. Cuire encore quelques minutes.

Juste avant de retirer du feu, incorporer les courgettes et le poivre vert. Verser le mélange tiédi sur le fromage blanc, sans cesser de remuer.

Utilisations

Viandes grillées.

Sabayon au porto

XX OO

Prép. : 15 mn. Cuiss. : 15 mn.
5 pers. - 47 Kcal./pers.

Le jus d'1 citron / 3 échalotes / 10 cl. de vin blanc / 2 jaunes d'œufs / 4 cl. de porto / Sel / Poivre.

Mettre le porto et les jaunes d'œufs dans une casserole. Mélanger avec un fouet jusqu'à ce que le mélange devienne mousseux. Placer alors la casserole au bainmarie et continuer de fouetter jusqu'à ce que le mélange triple de volume. Réserver.

Dans une casserole, mélanger le jus de citron, les échalotes hachées et le vin blanc. Porter à ébullition et laisser cuire jusqu'à réduction des 2/3 du liquide. Incorporer au sabayon. Assaisonner. La sauce est prête.

Utilisations

Poissons, crustacés.

Sauce chaude au raifort

Prép. : 10 mn. Cuiss. : 10 mn.
4 pers. - 35 Kcal./pers.

1/4 l. de lait écrémé / 1 cuil. à soupe de farine / 1 cuil. à soupe bombée de raifort / Sel / Persil.

Mettre le lait à chauffer.

Délayer la farine à froid dans un peu d'eau. Verser peu à peu le lait chaud, sans cesser de remuer. Remettre sur le feu et cuire à feu doux.

Retirer la sauce du feu dès qu'elle épaissit. Saler et incorporer le raifort.

Avant de servir, saupoudrer de persil haché.

Utilisations

Pot-au-feu, poissons pochés.

Sauce au safran

Prép. : 10 mn. Cuiss. : 25 mn.
4 pers. - 45 Kcal./pers.

1 verre de vin blanc / 2 verres de bouillon / 2 cuil. à soupe de crème fraîche / 3 échalotes / 1 g. de safran / Sel / Poivre.

Hacher les échalotes et les mettre à cuire dans le vin blanc. Laisser réduire de moitié puis ajouter le bouillon. Cuire à feu doux 15 minutes environ.

Passer la réduction au mixer. Y ajouter la crème fraîche, le safran et assaisonner.

Servir bien chaud.

Utilisations

Poissons, crustacés.

Sauce aux raisins secs

Prép. : 15 mn. Cuiss. : 35 mn.
5 pers. - 56 Kcal./pers.

2 dl. de bouillon de viande / 1 verre de vin rouge / 100 g. de navets / 150 g. de carottes / 30 g. de raisins secs / 3 échalotes / Sel / Poivre.

Cuire les légumes pelés et coupés en dés dans le bouillon. Laisser tiédir puis mixer.

Ajouter le vin rouge et laisser mijoter 10 à 15 minutes. Assaisonner. Incorporer les raisins secs préalablement gonflés dans de l'eau légèrement tiède.

Utilisations

Abats.

Sauce à la tomate

Prép. : 15 mn. Cuiss. : 40 mn.
4 pers. - 40 Kcal./pers.

1 cuil. à soupe de concentré de tomate / 12 tomates fraîches / 1 oignon / 4 gousses d'ail / Origan / Thym / Laurier / Sel / Poivre / 1 cuil. à soupe d'huile / 1 verre d'eau.

Dans une cocotte, faire dorer l'oignon pelé et émincé ainsi que le concentré de tomate. Cuire quelques instants sans cesser de remuer.

Ajouter les tomates lavées et coupées en quartiers, l'ail pilé, les herbes, le sel, le poivre et le verre d'eau. Couvrir et laisser mijoter 35 minutes.

Retirer les feuilles de laurier avant de servir.

Utilisations

Viande hachée, croquettes, légumes cuits à la vapeur, pains de légumes, de viandes ou de poissons.

Sauce tomate hot

Prép. : 10 mn. Cuiss. : 30 mn.
4 pers. - 30 Kcal./pers.

1/2 verre de vin blanc sec / 1/2 verre de vinaigre de vin / 3 échalotes / 1/2 l. de coulis de tomate / 3 cornichons / Sel / Poivre / Persil / Cerfeuil / Piment de Cayenne.

Faire réduire de moitié le vin blanc, le vinaigre et les échalotes finement hachées.

Verser le coulis de tomate. Assaisonner. Cuire à feu doux 15 à 20 minutes.

Avant de servir, ajouter les cornichons hachés, le piment de Cayenne, le persil et le cerfeuil hachés.

Utilisations

Poissons, légumes cuits.

Sauce tomate aux carottes

Prép. : 15 mn. Cuiss. : 25 mn.
6 pers. - 45 Kcal./pers.

2 oignons / 1 boîte de tomates concassées / 3 carottes / 1 cuil. à soupe de concentré de tomate / 1 pincée de sucre / Sel / Poivre / Persil haché.

Faire revenir quelques instants le concentré de tomate. Ajouter les tomates et leur jus, les oignons émincés, les carottes pelées et coupées en petits cubes et le sucre. Cuire à feu doux 25 à 30 minutes. Remuer de temps en temps.

Saler et poivrer. Saupoudrer de persil.

Utilisations

Viande hachée, pâtes, riz, légumes cuits à la vapeur.

Sauce au vin rouge

Prép. : 10 mn. Cuiss. : 25 mn.
4 pers. - 60 Kcal./pers.

1/2 l. de vin rouge / 1 oignon / 2 carottes / 20 g. de beurre / Sel / Poivre / 1 échalote.

Hacher grossièrement l'oignon. Peler l'échalote et les carottes puis les hacher.

Faire cuire les légumes avec le vin rouge. Laisser réduire de moitié. Ecumer régulièrement pendant la cuisson afin d'éviter l'amertume.

Passer les légumes au mixer puis les incorporer peu à peu à la sauce. Monter le tout au beurre.

Assaisonner. La sauce est prête.

Utilisations

Viandes rouges grillées.

Sabayon de vin rouge

Prép. : 5 mn. Cuiss. : 15 mn.
4 pers. - 40 Kcal./pers.

5 cl. de vin rouge / 2 jaunes d'œufs / 5 cl. d'eau froide / Sel / Poivre.

Mélanger, en fouettant énergiquement, les jaunes d'œufs avec l'eau froide. Mettre dans une casserole au bain-marie.

Dès que les œufs commencent à prendre, assaisonner et ajouter le vin rouge. Continuer de battre énergiquement.

Retirer du feu dès que le mélange est homogène.

Utilisations

Grillades, œufs pochés, poissons pochés.

Sauce vin blanc aux carottes

Prép. : 15 mn. Cuiss. : 15 mn.
5 pers. - 50 Kcal./pers.

1/2 l. de vin blanc / 3 carottes / 3 échalotes / 2 cuil. à soupe de crème fraîche / Sel / Poivre.

Dans une casserole, mélanger les carottes coupées en julienne, les échalotes émincées et le vin blanc. Laisser réduire le liquide de moitié. Passer au mixer.

Remettre sur le feu. Assaisonner et incorporer la crème fraîche.

Utilisations

Viandes grillées, poissons pochés.

Sauce aigre douce

Prép. : 15 mn. Cuiss. : 20 mn.
4 pers. - 40 Kcal./pers.

1 dl. de lait écrémé / 1 œuf / 1 dl. de purée de tomate / 4 cl. de vinaigre de vin / 1 cuil. à café de moutarde / 5 g. de sucre / Persil haché / Sel / Poivre.

Battre l'œuf, le vinaigre et la moutarde au bain-marie, à feu doux. Dès que la sauce commence à épaissir, ajouter la purée de tomate et le sucre. Assaisonner. Laisser réduire de moitié, sans cesser de remuer. Ajouter le lait.

Rectifier l'assaisonnement si nécessaire et saupoudrer de persil haché.

Servir tiède ou chaud.

Utilisations

Viandes blanches, poissons.

Sauce à la diable

Prép. : 10 mn. Cuiss. : 15 mn.
4 pers. - 30 Kcal./pers.

1 dl. de vin blanc sec / 1 dl. de bouillon de viande / 3 échalotes / Poivre / Sel / 2 cuil. à café de moutarde / 1 cuil. à soupe de Worcestershire sauce / 1 cuil. à soupe de ketchup.

Faire réduire de moitié le vin blanc, le bouillon, les échalotes. Laisser tiédir et ajouter les autres ingrédients.

Remettre à température et servir aussitôt.

Utilisations

Viandes grillées, poissons grillés, fondues de viande, volailles rôties.

Sauce blanquette

Prép. : 20 mn. Cuiss. : 25 mn.
4 pers. - 45 Kcal./pers.

1 carotte / 150 g. de champignons de Paris / 1 oignon / 1 navet / 1 jaune d'œuf / 1 bouquet garni / 100 g. de fromage blanc / Sel / Poivre / Persil haché / 1/4 l. d'eau.

Préparer un court-bouillon avec la carotte, l'oignon, le navet, le bouquet garni et l'eau. Laisser mijoter 25 minutes environ. Laisser tiédir, filtrer puis mixer les légumes. Passer les champignons en lamelles à la poêle.

Verser le bouillon sur la purée de légumes. Ajouter les champignons, puis le fromage blanc battu avec le jaune d'œuf. Assaisonner et saupoudrer de persil. Si nécessaire, réchauffer cette sauce au bain-marie.

Utilisations

Blanquette de veau, de volaille, boulettes de viande hachée.

Sauce bordelaise

Prép. : 10 mn. Cuiss. : 25 mn.
5 pers. - 75 Kcal./pers.

1 cuil. à café de concentré de tomate / 5 échalotes / 2 verres de vin rouge / 2 verres de bouillon de viande / 15 g. de beurre / 20 g. de farine / Sel / Poivre.

Dorer les échalotes pelées et hachées au beurre. Verser la farine d'un seul coup, sans cesser de remuer.

Hors du feu, mouiller avec le vin et le bouillon. Remuer jusqu'à obtention d'une préparation homogène. Porter à ébullition puis laisser mijoter 10 à 15 minutes. La sauce doit légèrement réduire. Saler, poivrer et ajouter le concentré de tomate. Cuire encore 5 minutes.

Utilisations

Grillades, brochettes.

Sauce charcutière

Prép. : 10 mn. Cuiss. : 25 à 30 mn.
4 pers. - 50 Kcal./pers.

30 g. de jambon maigre / 1 oignon / 1 cuil. à soupe de farine / 1 verre de vin blanc sec / 1 verre de bouillon / Sel / Poivre / 1 branche de thym / 3 cornichons.

Couper le jambon en fines lanières. Peler et hacher l'oignon. Couper les cornichons en petits dés.

Dans une casserole, faire cuire à feu doux tous les ingrédients sauf la farine, 20 à 25 minutes.

Délayer la farine dans un peu d'eau et l'ajouter à la sauce. Porter à ébullition sans cesser de remuer. Cuire encore quelques minutes. Rectifier l'assaisonnement.

Utilisations

Côtelettes ou escalopes grillées, abats (langue).

Sauce chasseur

Prép. : 15 mn. Cuiss. : 15 mn.
4 pers. - 40 Kcal./pers.

3 échalotes / 150 g. de champignons de Paris / 1 cuil. à soupe de concentré de tomate / 1 cuil. à café de farine / 2 cuil. à soupe de crème allégée / Sel / Poivre / Persil haché / Herbes de Provence.

Dans une casserole, faire dorer les échalotes et les champignons nettoyés et hachés. Ajouter le vin blanc et le concentré de tomate. Laisser mijoter 10 minutes.

Incorporer la farine préalablement délayée dans un peu d'eau et porter à ébullition quelques minutes. Assaisonner. Saupoudrer d'herbes et verser la crème.

Utilisations

Grillades, poissons pochés.

Sauce façon espagnole

Prép. : 10 mn. Cuiss. : 40 mn.
4 pers. - 50 Kcal./pers.

5 gousses d'ail / 4 tomates / 1 poivron rouge / 1 cuil. à soupe d'huile d'olive / Paprika doux / 1 pincée de piment de Cayenne / Sel.

Faire revenir à l'huile d'olive les tomates émondées et coupées en quartiers et les poivrons coupés en lamelles.

Ajouter les épices et le sel, puis laisser réduire 30 minutes environ.

Piler l'ail dans un mortier.

Passer le tout au mixer et servir bien chaud.

Utilisations

Légumes, viandes, poissons.

Sauce financière

✕✕ ○

Prép. : 10 mn. Cuiss. : 20 mn.
4 pers. - 60 Kcal./pers.

15 g. de margarine au tournesol / 20 g. de farine / 1/4 l. de bouillon / 100 g. de champignons de Paris / 1 cuil. à soupe de madère / Sel / Poivre.

Faire fondre le beurre à feu doux. Verser la farine en remuant afin d'obtenir une pâte lisse et épaisse. Verser le bouillon et continuer à tourner sur feu doux.

Passer les champignons coupés en lamelles à la poêle. Laisser tiédir. Les ajouter hachés à la sauce.

Assaisonner et incorporer le madère.

Utilisations

Rôtis de viande, abats.

Sauce façon grecque

Prép. : 10 mn. Cuiss. : 15 mn.
5 pers. - 43 Kcal./pers.

1 oignon / Le jus d'1 citron / 1/2 verre de vin blanc / 2 cuil. à soupe de concentré de tomate / 3 gousses d'ail / 2 branches de thym / 3 feuilles de laurier / Quelques grains de coriandre / Sel / Poivre / 1 cuil. à soupe d'huile d'olive / 1 verre d'eau.

Porter à ébullition durant 10 minutes l'oignon émincé, le vin blanc, le thym, la coriandre, le sel et le poivre.

Hors du feu, tout en remuant, ajouter le jus de citron, l'eau, le concentré de tomate et l'ail pilé. Cuire quelques minutes.

Laisser tiédir et retirer les branches de thym et les feuilles de laurier. Incorporer l'huile d'olive.

Utilisations

Viandes, grillades.

Sauce façon marseillaise

Prép. : 20 mn. Cuiss. : 40 mn.
8 pers. - 64 Kcal./pers.

Le jus de 2 citrons / 3 échalotes / 50 g. de carottes / 50 g. de céleri / 50 g. de champignons / 20 g. de margarine au tournesol / 3 gousses d'ail / 1 boîte de tomates pelées / 4 cuil. à soupe de crème fraîche / 1/4 l. de vin blanc / Sel / Poivre / Thym / Persil.

Laver, peler et couper les légumes en julienne.

Faire revenir tous les légumes dans une poêle. Mouiller avec le vin blanc et les tomates pelées en purée.

Assaisonner puis laisser mijoter pendant 25 à 30 minutes. A mi-cuisson, ajouter le jus de citron.

Déglacer la sauce avec la crème fraîche et incorporer l'ail pilé. Saupoudrer de persil haché.

Utilisations

Légumes, viandes hachées, poissons, grillades.

AGMARK
CURRY
POWDER

Sauce madère

Prép. : 10 mn. Cuiss. : 30 mn.
6 pers. - 70 Kcal./pers.

1 verre de vin blanc / 3 verres de bouillon de viande / 20 g. de margarine au tournesol / 25 g. de farine / 125 g. de champignons de Paris / 3 cuil. à soupe de madère / Sel / Poivre.

Faire fondre la margarine sur feu doux. Verser d'un seul coup la farine, sans cesser de remuer. Laisser blondir. Mouiller avec le vin et le bouillon. Porter à ébullition sans cesser de remuer. Saler et poivrer. Cuire 30 minutes à feu doux.

Dans une poêle, faire suer les champignons nettoyés et émincés. Les ajouter dans la sauce avec le madère. Rectifier l'assaisonnement si nécessaire.

Utilisations

Jambon braisé, rognons, foies, ris de veau, volailles grillées ou tournedos.

Sauce poulette

Prép. : 15 mn. Cuiss. : 25 mn.
5 pers. - 60 Kcal./pers.

20 g. de farine / 1/4 l. de lait écrémé / 50 g. de champignons / Sel / Poivre / Le jus d'1/2 citron / Estragon / 2 jaunes d'œufs.

Délayer à froid la farine et le lait. Faire épaissir à feu doux, sans cesser de remuer. Retirer du feu.

Nettoyer et citronner les champignons. Les faire suer puis les ajouter à la sauce.

Battre les jaunes d'œufs en omelette avec l'estragon haché. Verser la sauce chaude peu à peu sur les œufs.

Il ne faut pas faire bouillir cette sauce. Si nécessaire, la réchauffer au bain-marie.

Utilisations

Pâtes, riz, poissons, œufs, légumes.

Sauce marchand de vin

Prép. : 10 mn. Cuiss. : 20 mn.
4 pers. - 35 Kcal./pers.

5 échalotes / 1 verre de vin rouge / 1 verre d'eau / 1 bouillon de viande / Poivre / 1 cuil. à entremets de farine.

Peler et hacher finement les échalotes. Cuire tous les ingrédients sauf la farine. Dès que la sauce a réduit de moitié, la retirer du feu.

Délayer la farine dans un peu d'eau. Verser dans la sauce sans cesser de remuer. Remettre sur feu vif. Cuire 2 à 3 minutes après les premiers bouillons.

Goûter et rectifier l'assaisonnement si nécessaire.

Utilisations

Oeufs pochés, certains poissons pochés, grillades.

Sauce normande

Prép. : 10 mn. Cuiss. : 15 mn.
4 pers. - 70 Kcal./pers.

100 g. de crevettes décortiquées / 100 g. de moules décortiquées / 10 cl. de crème allégée à 15 % de matières grasses / 15 g. de maïzena.

Diluer à froid la maïzena avec la crème allégée. Chauffer en remuant. Dès que la sauce épaissit, la retirer du feu.

Assaisonner et incorporer les crevettes et les moules. Cuire à feu doux pendant 10 minutes environ.

Utilisations

Poissons pochés.

Sauce piémontaise

Prép. : 10 mn. Cuiss. : 20 mn.
4 pers. - 30 Kcal./pers.

8 cuil. à soupe de jus de tomate / 4 cuil. à soupe de sauce soja / Sel / Poivre / Persil / 4 gousses d'ail / 4 cuil. à soupe de vinaigre de vin / 1 cuil. à soupe de miel.

Mélanger tous les ingrédients sauf le miel et le persil. Cuire à feu doux 15 à 20 minutes. Quelques instants avant de servir, incorporer le miel et saupoudrer de persil haché.

Cette sauce aigre-douce doit être onctueuse et parfumée.

Utilisations

Plats exotiques à base de bœuf ou de porc.

Sauce orientale

Prép. : 5 mn. Cuiss. : 25 mn.
4 pers. - 25 Kcal./pers.

1 oignon / 1 bouillon cube / 1/2 l. d'eau / 1 yaourt nature / 1 cuil. à café de cumin en poudre / 1 cuil. à café de coriandre en poudre / Sel / Poivre.

Diluer le bouillon cube dans l'eau. Ajouter les oignons hachés. Faire réduire de moitié. Incorporer le yaourt et les épices. Servir aussitôt.

Si nécessaire, la réchauffer au bain-marie.

Utilisations

Viandes hachées, viandes blanches grillées.

Sauce piquante

Prép. : 10 mn. Cuiss. : 10 mn.
4 pers. - 50 Kcal./pers.

1/4 l. de bouillon / 15 g. de margarine / 15 g. de farine / 1 cuil. à entremets de vinaigre / 3 à 4 cornichons / 1 cuil. à café de concentré de tomate.

Faire fondre la margarine. Ajouter la farine d'un seul coup. Remuer. Retirer du feu dès que le mélange devient mousseux.

Verser le bouillon. Fouetter. Porter à ébullition et laisser épaissir environ 5 minutes. Ajouter le vinaigre, les cornichons hachés et le concentré de tomate. Saler et poivrer. Remettre quelques instants sur le feu.

Utilisations

Abats, œufs, viandes blanches, rôtis.

Sauce portugaise

Prép. : 15 mn. Cuiss. : 25 mn.
4 pers. - 65 Kcal./pers.

30 g. de jambon / 2 oignons / 1/2 verre de bouillon de légumes / 6 tomates / Sel / Poivre / 2 cuil. à soupe de crème allégée / Paprika / 1 poivron vert.

Cuire les oignons hachés dans un peu de bouillon. Ajouter le jambon en lamelles, le poivron vert émincé et les tomates émondées. Saler et poivrer. Cuire 20 minutes à feu doux.

Avant de servir, incorporer la crème et saupoudrer de paprika.

Utilisations

Poissons pochés, œufs pochés ou durs, viandes en émincé.

Coulis de framboise

Prép. : 10 mn.
4 pers. - 25 Kcal./pers.

250 g. de framboises / Le jus d'1 citron / Edulcorant.

Passer au mixer les framboises avec le jus de citron. Ajouter l'édulcorant selon le goût (le coulis doit garder une certaine acidité).

Passer au chinois afin d'éliminer les pépins.

> ***Utilisations***
>
> *Glaces, fruits rafraîchis.*

Coulis de pêche

Prép. : 10 mn. Cuiss. : 10 mn.
8 pers. - 50 Kcal./pers.

4 pêches fraîches / 1 citron / 1 cuil. à soupe d'eau-de-vie / Quelques gouttes d'extrait d'amandes amères / Extrait de vanille / 2 pincées de cannelle.

Peler et dénoyauter les pêches. Les cuire 10 minutes dans un peu d'eau. Laisser tiédir et mixer.

Ajouter tous les autres ingrédients. Bien mélanger.

Mettre au réfrigérateur. Servir frais.

> ***Utilisations***
>
> *Fruits cuits, glaces, cakes, charlottes.*

Coulis de poire

Prép. : 10 mn. Cuiss. : 15 mn.
6 pers. - 55 Kcal./pers.

3 poires / 1 verre de vin blanc / 1 yaourt nature / Edulcorant / Cannelle.

Emincer les poires épluchées et épépinées. Les cuire à feu doux avec le vin blanc pendant 15 minutes environ.

Passer la préparation tiédie au mixer. Incorporer le yaourt nature sans cesser de remuer de façon à obtenir une sauce onctueuse. Ajouter l'édulcorant et saupoudrer de cannelle avant de servir.

Utilisations

Glaces, fruits frais rafraîchis.

Sauce au citron vert

Prép. : 15 mn. Cuiss. : 10 mn.
6 pers. - 60 Kcal./pers.

Le jus de 2 citrons verts / 2 œufs / 1/4 l. de lait écrémé / 20 g. de farine / Edulcorant.

Battre les jaunes d'œufs avec l'édulcorant jusqu'à obtention d'un mélange blanc et mousseux. Incorporer la farine. Verser peu à peu le lait chaud, sans cesser de remuer.

Remettre sur le feu et cuire la préparation quelques minutes. Réserver et laisser tiédir.

Battre les blancs d'œufs en neige ferme. Incorporer à cette sauce le jus de citron puis les blancs d'œufs.

Utilisations

Salades de fruits, fruits pochés, crèmes glacées, charlottes.

Sauce à l'orange

Prép. : 5 mn. Cuiss. : 15 mn.
4 pers. - 35 Kcal./pers.

15 cl. de jus d'orange / 1 jaune d'œuf / 1 pincée d'édulcorant.

Battre le jaune d'œuf avec le jus d'orange.

Cuire en fouettant au bain-marie pendant 10 à 15 minutes jusqu'à ce que le mélange devienne mousseux et augmente de volume.

Cette sauce se sert tiède ou chaude.

Utilisations

Fruits cuits en papillotes, pommes au four, crèmes renversées tièdes.

Dips de rhubarbe

Prép. : 15 mn. Cuiss. : 20 mn.
4 pers. - 40 Kcal./pers.

400 g. de rhubarbe / Edulcorant / 2 cuil. à soupe de crème fraîche.

Effiler la rhubarbe et la couper en tronçons de 2 à 3 cm de longueur. Saupoudrer d'édulcorant et cuire 15 à 20 minutes sur feu doux. Laisser tiédir et égoutter.

Incorporer la crème fraîche. Votre sauce est prête.

Utilisations

Fruits crus, salades de fruits, charlottes aux fruits.

Sabayon à la vanille

Prép. : 15 mn. Cuiss. : 5 à 10 mn.
4 pers. - 70 Kcal./pers.

2 jaunes d'œufs / 15 cl. de vin blanc sec / Edulcorant / 2 cl. d'eau-de-vie / 1 cuil. à soupe de jus de citron / 1 cuil. à café d'extrait de vanille.

Mélanger les jaunes d'œufs et l'édulcorant jusqu'à ce que le mélange soit mousseux. Incorporer peu à peu les autres ingrédients, sans cesser de remuer.

Fouetter la préparation au bain-marie jusqu'à obtention d'une crème onctueuse et mousseuse.

Le sabayon se sert tiède ou froid.

Utilisations

Fruits, glaces, gâteaux.

Sauce vanille

Prép. : 15 mn. Cuiss. : 10 mn.
6 pers. - 75 Kcal./pers.

1/2 l. de lait écrémé / 2 cuil. à soupe de lait en poudre / 4 jaunes d'œufs / Edulcorant / 1 gousse de vanille.

Mélanger le lait et la poudre de lait. Mettre le tout à chauffer avec la gousse de vanille.

Pendant ce temps, battre les jaunes d'œufs en omelette avec l'édulcorant, jusqu'à obtention d'un mélange mousseux.

Verser peu à peu le lait chaud sur la préparation en enlevant la gousse de vanille.

Remettre sur le feu et faire épaissir la sauce en remuant constamment avec une spatule (ne pas faire bouillir). La sauce est prête dès qu'elle nappe la spatule.

Utilisations

Glaces, fruits pochés, gâteaux.

Sauce au chocolat

Prép. : 10 mn. Cuiss. : 10 mn.
4 pers. - 55 Kcal./pers.

30 g. de cacao non sucré / 1 jaune d'œuf / 10 cl. de lait écrémé / Edulcorant / 1 cuil. à soupe de crème fraîche.

Mélanger l'édulcorant, le cacao et le lait. Mettre sur feu doux et laisser mijoter 5 minutes. Retirer du feu et laisser tiédir. Incorporer le jaune d'œuf puis la crème fraîche. Réchauffer sur feu doux.

Utilisations

Fruits pochés, gâteaux.

Sauce au Cointreau

Prép. : 5 mn. Cuiss. : 15 mn.
5 pers. - 52 Kcal./pers.

Le jus de 2 oranges / Le jus de 2 citrons / 1 zeste de citron / 3 cuil. à soupe de Cointreau / 20 g. de sucre / Edulcorant.

Faire caraméliser le sucre en le chauffant doucement dans la poêle avec un peu d'eau. Déglacer avec les jus d'orange et de citron. Ajouter le zeste et l'édulcorant.

Faire réduire de moitié.

Verser le Cointreau et servir bien chaud.

Utilisations

Fruits rafraîchis, crèmes glacées.

Sauce chaude au cognac

Prép. : 10 mn. Cuiss. : 15 mn.
6 pers. - 45 Kcal./pers.

1/4 l. de lait écrémé liquide / 25 g. de maïzena / 2 cuil. à soupe de crème allégée / 2 cuil. à soupe de cognac / Edulcorant.

Délayer la maïzena dans un peu de lait. Verser peu à peu le lait chaud, sans cesser de remuer.

Mettre le tout dans une casserole et cuire la sauce en remuant. Retirer du feu dès les premiers bouillons.

Incorporer les autres ingrédients et servir aussitôt.

Utilisations

Charlottes, gâteaux, cakes.

Sauce au vin rouge

Prép. : 5 mn. Cuiss. : 20 mn.
4 pers. - 20 Kcal./pers.

1 verre de vin rouge / 1 verre d'eau / 1 citron en rondelles / Quelques rondelles d'orange / Edulcorant / Cannelle en bâton.

Réunir tous les ingrédients dans une casserole.
Cuire à feu doux pendant 20 minutes environ. Laisser tiédir.

Cette sauce se sert chaude, tiède ou froide.

Utilisations

Fruits.

TABLE DES RECETTES

Pages

Les sauces froides

Les sauces chaudes

Les sauces sucrées

Dépôt légal 1er trim. 1990 - Imp. n° 1 688

ISBN 2-7372-2050-5

Imprimé en C.E.E.